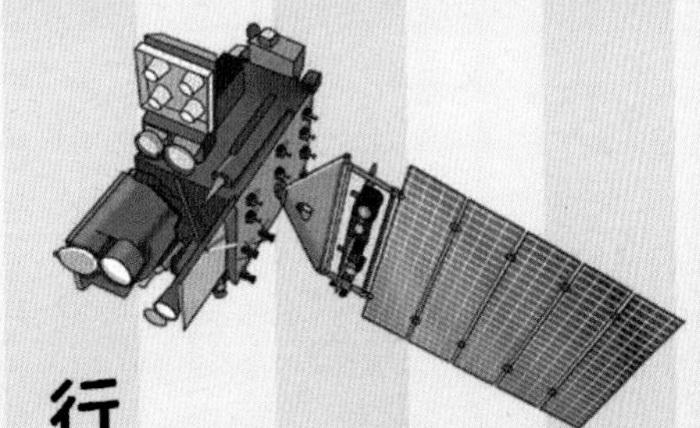

带着科学去旅行

中国少年儿童百科全书

揭秘天气

梦学堂 编

北京日报出版社

前言

孩子喜欢读什么书呢？这是每个家长都会问的问题。一本好看的童书一定是既新颖有趣又色彩丰富，尤其是儿童科普类图书。本套图书根据网络图书平台大数据，筛选了近五年来最热门的科普主题，包括动物、鸟类、昆虫、花草、树木、海洋、人的身体、天气、地球和宇宙十大高价值主题。

孩子的想象力既丰富又奇特，他们每天都会提出五花八门、千奇百怪的问题，很多问题连家长也难以解答。这时候就需要一套内容丰富、生动有趣，同时能够解答孩子疑惑的科普读物来帮忙。

本套图书采用全新的版式来编排，精美大气的高清彩图配上通俗易懂的文字，既生动亲切又新颖有趣。

为了让孩子尽可能地理解、记住抽象复杂的天气知识，本书精心设置了图文结合的“天气图说”板块，以简洁的语言来解答最难懂的天气知识，相当于老师在课堂上把难点内容以图画的形式简单明了地展示在小黑板上，让孩子更深刻地理解天气知识。

此外，本书还设置了“科学探险队”“天气小知识！”“灾害安全知识！”“节气小知识！”等丰富有趣的板块，让孩子开心地跟随书中的小主人公一起去揭秘神奇的天气。

衷心期待本书能在孩子心中播下科学的种子，让孩子健康快乐地成长。

科学探险队

米小乐

不太爱学习的男孩，调皮、贪玩，对各种动物，尤其是海洋动物和昆虫感兴趣，好奇心强。

菲菲

对科学很感兴趣的女孩，学习认真，喜欢各种植物，特别是花草。

袋袋熊

贪吃，憨态可掬，喜欢问问题，特别是关于鸟类和小动物的问题。

米小乐：菲菲，咱们这次科学探险，要前往什么地方？

菲　菲：大江南北，世界各地，因为咱们的采访对象是天气，需要前往不同地区、不同季节，还要考察各种自然现象、自然灾害！

袋袋熊：怎么？又要跑遍整个世界呀？

菲　菲：对呀，我们一定要读万卷书，行万里路！

米小乐：袋袋熊，天气很有意思的，走吧，相信我们一定会收获满满！

本书的阅读方式

简要介绍各种天气的基本知识。

讲述各种天气的形成原因。

“科学探险队”与天气亲密接触，在第一现场为大家讲解它们的神奇现象。

冬天的天气和气候

冬天是一年中最寒冷的季节，万物萧瑟，植物凋落，动物冬眠，候鸟南飞。立冬（11月7日至8日）是冬天的第一个节气，意味着冬天的正式开始；立春（2月3日至5日之间）则代表冬天的结束。西方国家以冬至（12月21日至23日之间）为冬天的开始，春分（3月20日至22日之间）为冬天的结束。

天气图说

立冬有三候：
一候，水始冰。
二候，地始冻。
三候，雉（野鸡）入大水为蜃（蚌）。

为什么我国把立冬作为冬天的开始？

立冬时，太阳位于黄经225°，北斗七星的斗柄指向西北，意味着生气开始闭蓄，万物进入休养、收藏状态，其气候也由秋季的少雨干燥向寒冷的冬季气候过渡。立冬后日照时间将继续缩短，正午太阳高度继续降低，气温逐渐下降，但初冬时期还不是很冷。

立冬与立春、立夏、立秋合称“四立”，在中国人心中是非常重要的节日。春耕夏耘，秋收冬藏，冬季也是享受丰收的季节。立冬后，天气变冷，民间有“补冬”的习俗。在立冬这天，杀鸡宰羊或以其他营养品进补。北方人喜欢吃饺子，南方人喜欢炖肉汤。

小雪是冬天的第二个节气，“雪”不是表示这个节气下很少量的雪，而是代表寒冷与降水。

大雪和冬至有哪些天气特征和习俗？

大雪是冬天的第三个节气，与小雪节气一样，也是反映气温与降水变化趋势的节气。大雪节气的特点是气温显著下降、降水量增多。大雪时节，一些农户开始腌腊肉、腊肠，便于更好地储存肉类，给整个冬天备好美食。

冬至是冬天的第四个节气，冬至日，北半球白昼时间最短，此后开始变长，标志着严寒正式开始。冬至既是节气，也是中国的传统节日，北方一般吃饺子，南方吃汤圆。

节气小知识

小寒和大寒

小寒是冬天的第五个节气，天气非常寒冷，但还没有冷到极点。大寒是二十四节气中的最后一个节气，是一年中最寒冷的时节。大寒在岁终，冬去春来，大寒一过，又开始一个新的轮回。

“天气图说”总结了各种天气的特征和成因。

“节气小知识”等小板块进一步介绍天气的各种冷知识和与天气相关的有用的小知识。

介绍各种天气的类型、特征和奇特现象。

目录

天气 08

气候 10

气压 12

春天的天气和气候 14

夏天的天气和气候 16

秋天的天气和气候 18

冬天的天气和气候 20

风 22

台风 24

龙卷风 26

云 28

雨 30

雪 32

雾 34

冰雹 36

露水 38

霜 40

彩虹 42

霞光 44

雷电 46

海市蜃楼 48

洪水 50

雪崩 52

泥石流 54

厄尔尼诺 56

拉尼娜 58

沙尘暴 60

酸雨 62

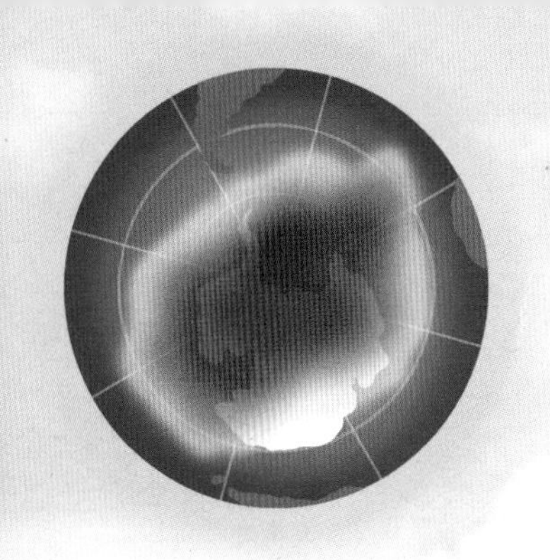

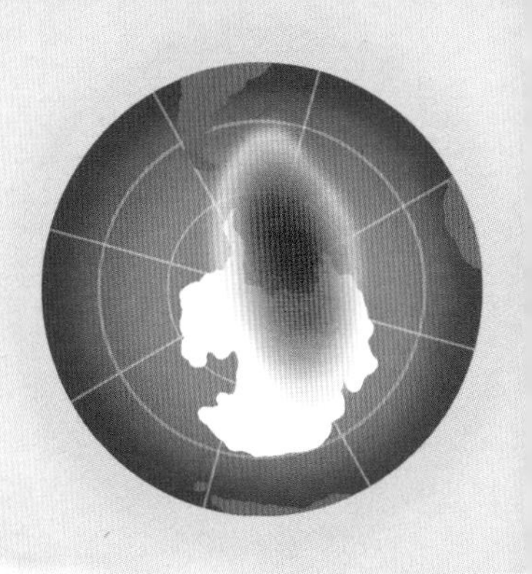

天气

天气是我们最熟悉的话题之一，我们每时每刻都生活在各种各样的天气中。那么什么是天气呢？简单来说，天气就是指地球上空气的具体状态。空气既可以静止也可以流动，既可以热也可以冷，还可以潮湿或干燥。影响天气的一个重要因素是水蒸气，如果没有水蒸气，就不会形成云、雨、雪、雷、雾等天气现象。

天气图说

不同的地区天气状况也不一样。例如，热带炎热，寒带寒冷，沙漠地区很少下雨，而热带雨林地区雨水很多。

大气层

地球周围包裹着厚厚一层气体，它就像保护伞一样保护着地球。我们见到的各种天气现象都发生在大气层的最底层——对流层。

大气层的厚度达到1000千米以上，分为五层。

最靠近地面的是对流层，是大气层中最稠密的一层，所有天气现象都发生在这一层。

对流层上面是平流层，这里基本没有水汽，晴朗无云，很少发生天气变化，适于飞机航行。保护人类免受紫外线辐射的臭氧层就在这一层。

平流层上面是中间层，这里的大气十分稀薄。

再往上是热层，极光现象发生在这里。

热层之上是外大气层，是向星际空间的过渡区域。

天气预报

天气预报是气象专家根据对卫星云图和天气图的分析，结合有关气象资料、地形和季节特点、群众经验等综合研究进行天气预测。如我国中央气象台的卫星云图，就是我国制造的“风云一号”气象卫星摄取的。

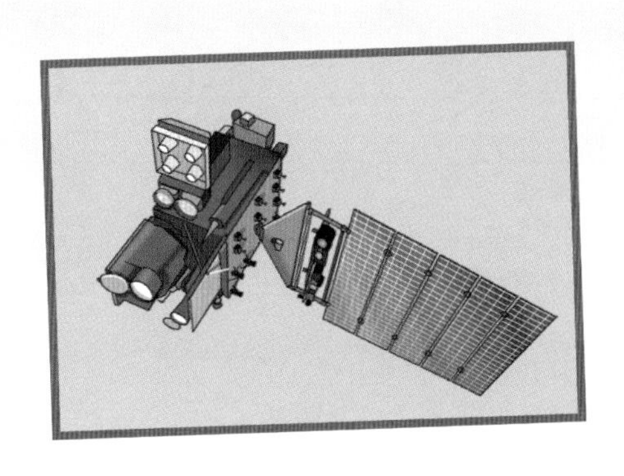

天气预报非常古老，早在上古时代，我们的先祖伏羲通过对天文、地理和物候的观察和研究，创立了八卦。他用卦象表示天气预报的结果，从而指导农业生产。

气候

气候是一个地区大气多年的平均状况，具有一定的规律性和地域性，它受到地形、海陆分布、洋流、大气环流、降水等因素的影响。气候要素包括光照、气温、气压、空气湿度、降水、风力等。一个标准的气候计算时间是 30 年，我们可以根据冷、暖、干、湿等特征来衡量不同的季节类型。我国的气候类型主要有热带季风气候、亚热带季风气候、温带季风气候、温带沙漠气候、温带草原气候、高山高原气候。

天气图说

高山高原气候是受海拔高度和山脉地形影响所形成的地方气候。由于海拔较高，终年低温，即使在夏天，也可能降雪。

天气和气候有什么区别？

1. 概念区别。天气是指某一地区在某一瞬间或某一短时间内的大气状态和大气现象，如风、云、雾、降水等的综合；而气候是指在某一时段内大量天气过程的综合，包括该地多年来经常发生的天气状况及某些年份偶尔出现的极端天气状况。

2. 时间区别。天气是短时间的，具有多变性；气候是长期的，具有稳定性。

3. 形成原因的区别。天气是在气团、锋面等影响下形成的；而气候则是在太阳辐射、大气环流、下垫面（包括海陆分布、洋流、地形、植被、土壤、冰雪）性质和人类活动长时间相互作用下形成的。

人类滥伐森林、破坏草地，造成了地表状况的剧烈改变，使气候日益恶化。

为什么同纬度大陆比海洋气温变化剧烈？

地球表面海陆分布不均匀，北半球陆地多，海洋少，南半球海洋多，陆地少。这种分布状况对气温产生了巨大的影响。

陆地受到太阳照射，由于土地、岩石等固体的阻挡，热量只停留在薄薄的表层，无法向下传递。而海洋受到太阳照射，热量可以通过海水传递到海洋深层。所以，在相同的太阳照射条件下，陆地温度的升高和降低比海洋要剧烈得多。

夏季，同纬度大陆要比海洋气温高；冬季则相反。

气候危机——我们只有50年时间！

现在气候危机已经到了不得不治理的关头。据科学家计算，如果要使全球气温在21世纪末与工业化之前相比不超过2℃，人类所能排放的二氧化碳只有8000亿吨，而人类1秒钟所排放的二氧化碳就超过800吨，这其中大自然只能消化一半，所以人类实现减排目标的期限只有50年！目前切实可行的办法就是使用新能源来代替化石能源。

气压

我们虽然感觉不到，但是每时每刻都在承受着空气的挤压，这种挤压产生的力叫作气压。每个地方的气压都不一样，而且一个地方，它的气压也不是一成不变的，有时候高，有时候低。气压的改变会引起天气的改变。风就是不同区域气压差异产生的。

天气图说

气压表

气压表是用来测量气压的工具，所使用的气压单位是百帕。当气压低的时候，天气通常潮湿而多云；当气压高的时候，天气通常晴朗而干燥。

气压是怎样变化的?

一个地方的气压就是指该地单位面积垂直向上延伸到大气层顶的空气柱的总重量。气压的大小与海拔高度、大气温度、大气密度等有关，通常随高度的增加而减小，而且变化是不均匀的。

这是因为气体具有可压缩性，越靠近地面，空气被压缩得越厉害，所以气压越大；相反，离地面越高，大气层越稀薄，大气压随之减小。

标准大气压是以温度为0℃、纬度为45° 的海平面的气压作为标准气压，其值是760毫米水银柱高，也就是1013.25百帕。

用风向可以判断气压吗?

用风向判断气压是一种简单实用的方法。由于地球不停地在自转，所以地球上的风从高气压区域向低气压区域吹的时候，会发生偏转。

如果你背风站着，而且在北半球，那么你的身体右侧气压高，左侧气压低；如果你在南半球，那么你的身体左侧气压高，右侧气压低。气象学家常用这种方法来判断气压。

你知道吗?

地球上有四大气压带，以赤道为中心，分别是赤道低气压带（南北纬5° 之间）、副热带高气压带（南北纬30° 附近）、副极地低气压带（南北纬60° 附近）、极地高气压带（两极地区）。

春天的天气和气候

春天是人们最喜爱的季节，阳光明媚，繁花似锦。开始的第一天叫立春，时间是每年 2 月 3 日至 5 日之间，立春标志着春天的开始，也是二十四节气中的第一个节气。除了立春，春天还包括雨水、惊蛰、春分、清明、谷雨等其他五个节气。春天结束的时间是立夏（5 月 5 日至 7 日之间）。而在西方国家，春天是从春分（3 月 19 日至 22 日之间）开始的，到夏至（6 月 21 日至 22 日之间）结束。

天气图说

二十四节气歌

春雨惊春清谷天，
夏满芒夏暑相连。
秋处露秋寒霜降，
冬雪雪冬小大寒。

为什么立春是春天的开始?

二十四节气最初是依据“斗转星移”制定的，当北斗七星的斗柄指向寅位（东）时为立春。现在是依据太阳黄经度数定节气，当太阳到达黄经 315° 时为立春，于每年 2 月 3 日至 5 日之间交节。

立春标志着万物闭藏的冬季已经过去，开始进入风和日丽、万物生长的春季。在自然界，立春最显著的特点是万物开始有复苏的迹象。

立春这一天，中国民间习惯吃萝卜、姜、葱、面饼，称为“咬春”。在南方，立春时节则流行吃春卷。

“迎春”也是一项传统习俗。立春前一日由两名艺人顶冠饰带沿街高喊：“春来了”，就是传统的“报春”。

惊蛰是哪一天，有什么习俗?

惊蛰是二十四节气中的第三个节气，每年 3 月 5 日至 7 日之间。惊蛰标志着仲春时节的开始; 春雷乍响，惊起了藏在地下过冬的动物们。这时节，雨水增多，天气回暖，是农民耕种的好时候。

古人认为惊蛰这天，天庭有雷神击天鼓，于是利用这个时机来祭雷神，蒙鼓皮。惊蛰节气，乍暖还寒，气候比较干燥，很容易让人感到口干舌燥，因此在民间有惊蛰吃梨的习俗。在山东，人们在惊蛰时节吃烙饼，祈祷当年的粮食获得丰收。

二十四节气时间表

春季	日期	夏季	日期	秋季	日期	冬季	日期
立春	2 月 3—5 日	立夏	5 月 5—7 日	立秋	8 月 7—9 日	立冬	11 月 7—8 日
雨水	2 月 18—20 日	小满	5 月 20—22 日	处暑	8 月 22—24 日	小雪	11 月 22—23 日
惊蛰	3 月 5—7 日	芒种	6 月 5—7 日	白露	9 月 7—9 日	大雪	12 月 6—8 日
春分	3 月 20—22 日	夏至	6 月 21—22 日	秋分	9 月 22—24 日	冬至	12 月 21—23 日
清明	4 月 4—6 日	小暑	7 月 6—8 日	寒露	10 月 8—9 日	小寒	1 月 5—7 日
谷雨	4 月 19—21 日	大暑	7 月 22—24 日	霜降	10 月 23—24 日	大寒	1 月 20—21 日

夏天的天气和气候

夏天是植物生长旺盛和动物繁衍后代的季节。植物的叶子变得深绿，并开始结果；动物忙着孕育后代，天气变得炎热干燥或湿热多雨。中国把立夏（5月5日至7日之间）作为夏天的开始，到立秋（8月7日至9日之间）；而西方人则普遍把夏至（6月21日至22日）到秋分（9月22日至24日之间）称为夏季。在南半球，人们一般将12月、1月和2月定为夏季。

天气图说

立夏有三候：
一候，蝼蝈鸣。
二候，蚯蚓出。
三候，五瓜生。

为什么我国把立夏作为夏天的开始?

立夏时，太阳位于黄经45°，北斗七星的斗柄指向东南，日照时长增多，农作物进入成长旺季，万物繁荣生长。但中国南北跨度大，各地自然节律也不尽统一。立夏时节，岭南已呈现“绿树阴浓夏日长”的夏季景象，而东北和西北部分地区这时才刚刚有春天的气息。

在民间，人们说“立夏吃蛋，石头踩烂”，也就是说，在立夏时吃鸡蛋，会变得有力气。有些地方还有在立夏称人的习俗，一边称重，一边说着吉利话，祝福人们健康和好运。

立夏之后就是小满，小满的“满”指的是小麦生长的饱满程度。

芒种和夏至有哪些天气特征和习俗?

芒种是二十四节气中的第九个节气，这时节，气温升高，雨量丰沛，空气湿度大。南方人忙着种晚稻，北方人忙着收麦子。农事耕种以芒种节气为界，过此节气之后种植成活率就越来越低。它是古代农耕文化对于节令的反映。

夏至是二十四节气中的第十个节气，此时，太阳直射地面的位置到达一年的最北端，几乎直射北回归线，北半球的白昼时间达到全年最长。气温高、湿度大，不时出现雷阵雨，是夏至后的天气特点，因此要注意消暑避伏。夏至这天，全国大部分地区有吃面的习俗。

节气小知识!

夏天注意不要暴食冷饮。因为夏天天气炎热，所以冷冻饮品特别受人们的喜爱，一些小朋友为图一时之快，过量食用冷饮来消暑降温。专家认为，过量食用冷饮会引起咽喉部抵抗力降低，引起急性咽喉炎、扁桃体炎、支气管炎等呼吸道疾病。

秋天的天气和气候

秋天是万物成熟并逐渐走向萧索的季节，天空晴朗而干燥，秋高气爽，树叶变黄或变红，早晚温差较大，夜晚渐渐变长。在中国立秋（8月7日至9日之间）是秋天的第一个节气，立冬（11月7日至8日）代表着秋天的结束。西方人普遍以秋分（9月22日至24日之间）为秋天的开始，冬至（12月21日至23日之间）为秋天的结束。

天气图说

立秋有三候：
一候，凉风至。
二候，白露降。
三候，寒蝉鸣。

为什么我国把立秋作为秋天的开始?

立秋时，太阳位于黄经 135°，北斗七星的斗柄指向西南，阳气渐收，阴气渐长，由阳盛逐渐转变为阴盛。此时，天气依然炎热，但已经开始由湿热多雨向清凉少雨过渡，万物开始从繁茂成长趋向成熟，收获的季节到了。

立秋是“四时八节”之一，古时候民间有祭祀土地神，庆祝丰收的习俗。人们把农作物收到家里，利用自家的庭院、窗台、屋顶或墙壁晾晒，叫晒秋。在南方有“立秋啃秋瓜”的习俗，在入秋的这一天多吃西瓜，以防秋燥，久而久之形成习俗。

处暑是秋天的第二个节气，表示即将离开炎热，暑气渐渐消退，天气由炎热转向凉爽。

白露和秋分有哪些天气特征和习俗?

白露是秋天的第三个节气，此时暑热消退，昼夜温差变大，夜里会有凉意，早晨经常见到露水。古人以四个季节配五行，秋属金，金色白，以白形容秋露，故名“白露”。白露这一天，有喝白露茶的习俗。

秋分是秋天的第四个节气，秋分日，全球昼夜等长，此后北半球昼短

夜长。这时节，降雨机会大，气温也跟着降低。秋分这一天，客家农民都按习俗放假，每家都要吃汤圆。

节气小知识！

寒露和霜降

寒露是秋天的第五个节气，进入这一节气，降水减少，气候干燥，稍有寒意。南方秋意渐浓，气爽风凉；北方广大地区已呈现冬天景象。霜降是秋天的最后一个节气，霜降不是表示降霜，而是表示气温骤降、昼夜温差大。过了霜降，深秋景象明显，冷空气南下越来越频繁。

冬天的天气和气候

冬天是一年中最寒冷的季节，万物萧瑟，植物凋落，动物冬眠，候鸟南飞。立冬（11 月 7 日至 8 日）是冬天的第一个节气，意味着冬天的正式开始；立春（2 月 3 日至 5 日之间）则代表冬天的结束。西方国家以冬至（12 月 21 日至 23 日之间）为冬天的开始，春分（3 月 20 日至 22 日之间）为冬天的结束。

天气图说

立冬有三候：
一候，水始冰。
二候，地始冻。
三候，雉（野鸡）入大水为蜃（蚌）。

为什么我国把立冬作为冬天的开始?

立冬时，太阳位于黄经 225°，北斗七星的斗柄指向西北，意味着生气开始闭蓄,万物进入休养、收藏状态,其气候也由秋季的少雨干燥向寒冷的冬季气候过渡。立冬后日照时间将继续缩短，正午太阳高度继续降低，气温逐渐下降,但初冬时期还不是很冷。

立冬与立春、立夏、立秋合称“四立”，在中国人心中是非常重要的节日。春耕夏耘，秋收冬藏，冬季也是享受丰收的季节。立冬后，天气变冷，民间有“补冬”的习俗。在立冬这天，杀鸡宰羊或以其他营养品进补。北方人喜欢吃饺子，南方人喜欢炖肉汤。

小雪是冬天的第二个节气，“雪”不是表示这个节气下很少量的雪，而是代表寒冷与降水。

大雪和冬至有哪些天气特征和习俗?

大雪是冬天的第三个节气，与小雪节气一样，也是反映气温与降水变化趋势的节气。大雪节气的特点是气温显著下降、降水量增多。大雪时节，一些农户开始腌腊肉、腊肠，便于更好地储存肉类，给整个冬天备好美食。

冬至是冬天的第四个节气，冬至日，北半球白昼时间最短，此后开始变长，标志着严寒正式开始。冬至既是节气，也是中国的传统节日，北方一般吃饺子，南方吃汤圆。

节气小知识!

小寒和大寒

小寒是冬天的第五个节气，天气非常寒冷，但还没有冷到极点。大寒是二十四节气中的最后一个节气，是一年中最寒冷的时节。大寒在岁终，冬去春来，大寒一过，又开始一个新的轮回。

风

风是流动的空气。由于各地的地理性质不同，所以有各种不同特性的风。当空气流动慢时，会形成微风；而当空气流动快时，会形成大风甚至飓风，把树和房屋都刮倒。根据风力强弱不同，可以将风分成 12 个等级：0 级代表无风，12 级则代表可怕的台风。

天气图说

由于太阳辐射到地球各个纬度地区的热量不同，从而形成气压梯度力，加上地球自转产生的偏向力，使空气从高压向低压水平流动，这是风形成的原动力。

风是怎样产生的？

风是由太阳辐射引起的，当太阳光照射到地球表面时，由于各个部位受热不均匀，在同一平面上产生了冷暖和气压差异。冷空气密度较高，会变冷并下降；而热空气密度较低，则会变暖上升。于是，下降的冷空气会从高气压区向低气压区域做水平运动，这就产生了风。

空气总是从高压区域向低压区域流动，这就是风的来向，叫作风向。在气象观测中，风向通常用 16 个方位表示，每个方位各占 22.5°。比如，北风，是指来自正北往西 11.25° 和往东 11.25° 这个角度内的风。

什么是海风，什么是陆风？

海风是白天从海洋吹向陆地的风。白天，地表受太阳辐射而升温，由于陆地土壤吸收的热量比海水少得多，陆地升温比海洋快，从而造成气压比海洋低，这样就形成了海陆气压差，于是风从海洋吹向陆地，形成海风。

陆风是夜间从陆地吹向海洋的风。太阳落山后，陆地冷却降温比海洋快，海洋由于海水吸收热量多，当海洋表面降温后，深处的温暖海水还可与表面海水进行对流混合，所以，海洋表面要比陆地表面温暖得多，这样海洋就处在一个低气压区，而陆地处于高气压区，于是风从陆地吹向海洋，形成陆风。

季风是随季节而有规律地改变方向的风，海陆间热力差异是季风形成的一个重要原因。

知识广播站！

风力歌

零级烟柱直冲天，一级轻烟随风偏。二级轻风吹脸面，三级叶动红旗展。四级枝摇飞纸片，五级带叶小树摇。六级举伞步行艰，七级迎风走不便。八级风吹树枝断，九级屋顶飞瓦片。十级拔树又倒屋，十一二级陆少见。

台风

台风是热带海洋上产生的一种强烈的热带气旋，风速每秒高达32米，风力在12级以上。台风范围广、速度快，有极强的破坏力，是一种非常可怕的自然灾害。通常大西洋和北太平洋地区称其为“飓风”，而在西北太平洋及沿岸地区则普遍称之为“台风”。

天气图说

根据世界气象组织的定义：中心风力达到12级以上、风速每秒达到32.7米的热带气旋才能称作台风（飓风）。台风的名字由世界气象组织台风委员会的14个国家和地区提供，每个成员提供10个名字，形成140个名字的命名表，名字循环使用。

台风是怎样形成的?

台风的形成需要具备三个条件：足够的能量来源、足够的旋转空间、足够的风力。

夏季，太阳光照射强烈，海洋水汽上升，热空气蒸发形成低气压中心，外界的云和空气进来补充，加上地球自转偏向力的影响，北半球形成逆时针向中心辐合的大旋涡，南半球形成顺时针向中心辐合的大旋涡，于是台风（飓风）就形成了。

台风的中心区域叫作风眼，那里的气流十分稳定，但是风眼的边缘却是风暴最强的区域。

台风有什么样的结构特征?

台风是一个深厚的低气压系统，它的中心气压很低，低层有显著向中心辐合的气流，顶部气流主要向外辐散。

如果从水平方向把台风切开，可以看到有明显不同的三个区域，从中心向外依次为：台风眼区、云墙区、螺旋雨带区。

龙卷风

龙卷风是具有漏斗状涡旋、风力极大、破坏力极强的自然灾害。它常发生在夏季的雷雨天气，通常是下午到傍晚这一时段。炎热潮湿的天气下，当天空出现积雨云，而且下方出现小而圆的“疙瘩”时，龙卷风很可能马上就会出现。尽管龙卷风持续时间只有短短十几分钟，但它造成的破坏力却非常严重，所到之处，都会变成废墟。

天气图说

龙卷风的类型和大小

陆龙卷：出现在陆地上的龙卷风。

水龙卷：出现在水面上的龙卷风。

火龙卷：火山爆发所喷出的物质给气流带来剧烈扰动，形成火龙卷。

直径：几米到数百米不等，最大可达1000米。

风速：100～200米/秒，有时可达300米/秒。

龙卷风是怎样形成的？

龙卷风的形成条件非常复杂，台风、气旋、大地震、火山爆发、大火灾都有可能引发龙卷风，甚至晴朗的天气也会突然出现龙卷风。

夏季，在高温、高湿的不稳定气团中，空气扰动得非常厉害，上下温度相差悬殊。当地面上的温度达到30℃时，在4000米的高空，温度仅为0℃左右，而到8000米的高空时，温度已经降到-30℃。

这种温度差使冷空气急剧下降，热空气迅速上升，上下空气对流速度过快，从而形成许多在空中旋转滚动的小旋涡。当这些小旋涡逐渐扩大，再加上激烈的震荡，就容易形成大旋涡，变成可怕的自然灾害。

全世界每年平均发生将近1000次龙卷风，其中约有一半发生在美国。

龙卷风有什么特点？

在北半球，龙卷风通常是逆时针旋转；在南半球，龙卷风通常是顺时针旋转。当然，这不是绝对的。另外，龙卷风发生和消失的时间特别短，通常只有几分钟到几十分钟，作用面积也很小，所以，到目前还没有足够灵敏的仪器来进行准确观测。

龙卷风刚形成时，通常是白色的，因为这时候它还没有接触地面，没来得及把尘土和碎屑卷进来。

真可怕！

龙卷风最高速度可达到400千米/时，是地球上最快的风。它经过时声音震耳欲聋，当它的底部接触地面时，会把尘土和碎屑卷到天上，甚至连很重的物体也能掀起来，经过一段时间后，它们又被甩出来，坠落地面。

云

天气图说

根据云的云底高度，可分为高云族（卷云、卷层云、卷积云）、中云族（高积云、高层云、雨层云）、低云族（层云、层积云、积雨云、积云）。

云是由许多微小水滴组成的飘浮在空中的可见聚合物，它像一个收集水分的容器。在风的推动下，云把小水滴从一个地方带到另一个地方。有些云的储水量非常大，甚至可以容纳 30 万吨的水。云的形态千变万化，按形状可分为积云、层云和卷云。

怎样辨认云朵?

云朵千差万别、千变万化，很难辨别。气象学家根据云的高度和相似特征，将云分为卷云、卷层云、卷积云、高积云、高层云、雨层云、层云、层积云、积雨云、积云 10 种。

卷云是最轻盈、位置最高的云，高度超过地面 6000 米，由小冰晶组成，形状像带子。卷云聚集成层，就形成了卷层云，形状像绢丝状的透明云幕。卷积云由卷云成群成行排列而成，形状像鱼鳞，所以又叫鱼鳞云。

高积云是高度居中的中云族积云，形状像被压扁的棉花球。高层云是卷层云再聚集形成的。雨层云由高层云压低变厚形成。层积云是像滚轴一样的低云，层云比层积云更低，而且很厚。

积云像蓬松的棉花团；积雨云像山一样高耸，它们会带来暴雨、冰雹甚至龙卷风。

怎样看云识天气?

按照形状，可将云分成积状云（鼓起来的云）、层状云（分层的云）、波状云（波浪状的云）三大类。积状云又叫作对流云，是由大气对流形成的；当空气对流活跃时，就会形成大片的积雨云，若状若高山，就预示着不久会有暴雨或冰雹。

层状云常形成于暖湿气团沿冷气团上部爬升的交接面上，这叫作暖锋，与之相对的是冷锋。如果天空出现低暗的层状云，就可能下毛毛雨或小雪。

波状云是由大气的垂直波动形成的，包括卷积云、高积云和层积云，当天空出现波状云，就表示会有晴朗的天气。

知识广播站!

巧记“看云识天气”谚语

天上钩钩云，地下雨淋淋（钩钩云指钩卷云）。天上鲤鱼斑，明日晒谷不用翻（鲤鱼斑指透光高积云）。棉花云，雨快临（棉花云指絮状高积云）。云钩向哪方，风由哪方来（云钩指的是钩卷云）。

雨

雨是从云中降落的水滴。没有云就不会有雨。云来自水蒸气的蒸发，水蒸气从陆地和海洋表面蒸发，上升到高空，遇冷变成小水滴，这就是云。当云中的小水滴经过相互碰撞变成大水滴，空气无法托住时，就会变成雨落下来。

天气图说

雨量等级

小雨：24 小时内降雨量≤ 10 毫米或 1 小时内≤ 2.6 毫米。

中雨：10 毫米＜ 24 小时内降雨量≤ 25.0 毫米，或 2.6 毫米＜ 1 小时内降雨量≤ 8.1 毫米。

大雨：25.0 毫米＜ 24 小时内降雨量≤ 50.0 毫米，或 8.1 毫米＜ 1 小时内降雨量≤ 16.0 毫米。

暴雨: 50.0 毫米＜ 24 小时内降雨量≤ 100.0 毫米，或 1 小时内降雨量＞ 16.0 毫米。

特大暴雨：24 小时内降雨量＞ 100.0 毫米。

雨是怎样从天空降落下来的?

云中的雨滴并不会轻易落下来，这是因为天空中有气流在托着，只有当雨滴长到约 2 毫米，气流无法托住时，它们才会落到地面上，这就是降雨。

降雨通常需要一些持续时间较长的云层，它们通过凝结产生足够大的雨滴。在大部分中纬度地区，雨滴是在含冰水混合物的普通稀薄云层中生成的。冰晶通过吸收周围的小水滴不断变大，几分钟后就会凝结成 100 万个小水滴那么大，而小水滴由于失去水分，迅速消失。

较大的冰晶会降落下来，在降落过程中会与较小的冰晶发生碰撞，使原来的冰晶碎片形成新的冰晶。当降落到低处时，冰晶会融化潮湿，于是几个冰晶会拼成雪花。雪花在降落过程中遇到云，会再次聚集变大。等到落到地面时如果温度大于 0℃，就融化成了雨。

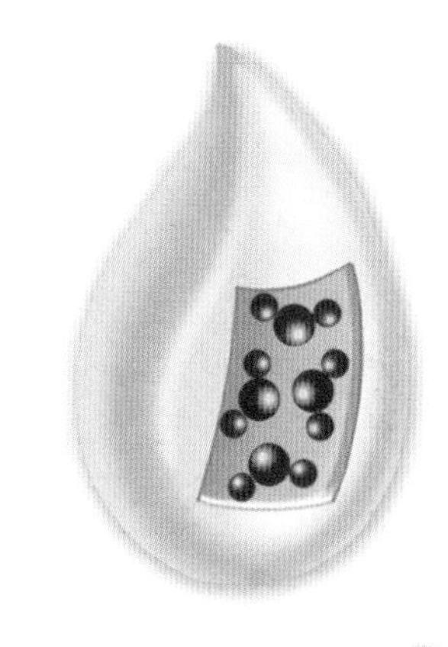

气象新知识!

人工降雨

人工降雨就是用人工的方法创造降雨条件，最常见的办法是用飞机把干冰或碘化银等催化剂撒在云里，产生一些假冰晶，小水滴便以假冰晶为核心，不断凝聚扩大，随后变成雪，雪在降落到地面的过程中就融化成了雨。

雪

美丽的雪花是由高空中凝结的小冰晶形成的。当高空的空气温度降到0℃以下，云中的小水滴就会凝结成小冰晶，小冰晶进一步凝结成大冰晶，大冰晶进一步拼成雪花，降落下来。当地面附近的温度低于0℃时，会变成雪。雪只有在很冷的天气才会出现，在热带和亚热带地区很难下雪。

天气图说

降雪等级

小雪：0.1 毫米≤ 24 小时内降水量≤ 2.5 毫米，或 0.1 毫米≤ 12 小时内降水量≤ 1.0 毫米。

中雪：2.4 毫米＜ 24 小时内降水量≤ 5.0 毫米，或 1.0 毫米＜ 12 小时内降水量≤ 3.0 毫米。

大雪：5.0 毫米＜ 24 小时内降水量≤ 10.0 毫米，或 3.0 毫米＜ 12 小时内降水量≤ 6.0 毫米。

暴雪：24 小时内降水量＞ 10.0 毫米。

为什么雪花大都是六角形?

雪花就是水的晶体，水是由水分子组成的。一个水分子由一个氧原子和两个氢原子组成，三个原子不是呈一字形排列的，而是呈三角形排列的。

水逐渐结冰的过程就是水分子彼此结合在一起的过程，因为氢原子之间的夹角是 104.5°，所以六边形结构是最稳定的，这样就连成了很多六边形，越来越多的水分子加入这个六边形，最后呈现出宏观的六边形结构。

为什么“瑞雪兆丰年”?

“瑞雪兆丰年”是我国广为流传的谚语。在北方，一层厚而疏松的积雪，像给小麦盖了一床御寒的棉被。由于雪的导热性很差，土壤表面盖上一层雪被，可以减少土壤热量的散失，阻挡雪面上寒气的侵入，所以受雪保护的庄稼可以安全过冬。

另外，积雪还能为农作物储存水分。雪中所含的氮元素易被农作物吸收，而且雪水温度低，可以冻死地表层越冬的害虫，从而提高农作物的产量。

世界上没有两片完全相同的雪花，因为在雪花的形成过程中，不同的冰晶所处的温度和湿度条件不同。

凝华

气态物质不经过液态阶段而直接凝结成固态的过程叫作凝华。水汽凝华为雪花，要释放出一定的热量，这就是下雪前和下雪时天气并不是很冷的原因。

雾

雾是悬浮在空气中的小水滴。雾看起来和烟很像，但烟是悬浮在空气中的固体小颗粒。实际上雾是降落到地面附近的云，在水汽充足、微风和大气层稳定的情况下，接近地面的空气冷却到某种程度，空气中的水汽便会凝结成雾。

雾是怎样形成的？

雾和云都是由于温度下降造成的，这也是秋冬季节早晨多雾的原因。通常温度越高，空气中所含的水汽就越多。当空气中所含的水汽由于蒸发和冷却，在一定温度下达到饱和，多余的水汽就会相互凝结，或与空气中的微小灰尘结合，变成小水滴或冰晶。

一般在工业区和城市中心，容易形成雾，因为那里的灰尘和悬浮颗粒比较多。另外过大的风速和强烈的扰动会影响雾的形成。

雾霾是什么？

雾霾是特定气候条件与人类活动相互作用产生的结果。高密度人口的城市，生产活动必然会排放大量悬浮的细颗粒物（PM2.5），一旦排放量超过大气循环能力和承载度，细颗粒物必然持续聚集；如果此时空气湿度大，大气流通度低，则极易出现雾霾。

环保小知识！

什么是 PM2.5？

PM2.5 是指空气中悬浮的直径小于或等于 2.5 微米的细颗粒物。PM2.5 很小很轻，能在空气中停留很长时间，并且会吸附重金属、细菌等有害物质。空气中的 PM2.5 浓度越高，说明空气污染越严重。

冰雹

冰雹是一种坚硬的球状、锥状或形状不规则的固态降水。大小不一，大的像栗子、鸡蛋，小的像绿豆、黄豆。冰雹常在夏季或春夏之交出现，和雨雪一样，是从云中降落的。冰雹由透明层和不透明层相间组成，中心是白色不透明的雹核，雹核外围是透明、不透明相间的冰层，有的甚至可达 10 层以上。

天气图说

冰雹等级

轻雹：直径≤ 0.5 厘米，降雹时间不超过 10 分钟，厚度≤ 2 厘米。

中雹：0.5 厘米＜直径≤ 2.0 厘米，降雹时间在 10 ～ 30 分钟内，2 厘米＜厚度≤ 5 厘米。

雹：直径＞ 2.0 厘米，降雹时间超过 30 分钟，厚度＞ 5 厘米。

冰雹是怎样形成的?

冰雹是在对流云中形成的，形成的过程很复杂。当水汽随气流上升遇冷后，会凝结成小水滴，随着高度的增加，温度会继续降低。当达到0℃以下时，水滴就会凝结成冰粒，在上升运动的过程中，会因吸附周围的小冰粒或水滴而变大，直到重量达到上升气流无法承载时，就会往下降。

这时如果又遇到强大的上升气流，就会再次被抬升，表面就又会凝结成冰，如此反复，就像滚雪球一样，体积会越来越大，直到重量大于气流上升和空气浮力之和，这时就会落到地面上。

如果到达地面时，没有融化成水，仍呈固态冰粒，就叫作“冰雹”。

冰雹产生的危害很大，会致人死亡、毁坏庄稼和树木、损毁建筑和车辆等，是一种严重的自然灾害。

冰雹降落范围很大吗?

冰雹虽然危害很大，但一次降落的时间并不长，大多是几分钟到十几分钟，最长可达1～2小时。冰雹的降落范围一般都不大，平均长度在30千米以内，宽度在几千米以内，形成一个降雹带。因此，民间常有“雹打一条线”的说法。

天气小知识!

冰雹云

冰雹云，顾名思义就是能产生冰雹的云。一般的积雨云可能产生雷阵雨，而只有发展特别强盛的积雨云，云体特别高大，云中有强烈的上升气流和充足的水分，才能产生冰雹。

露水

露水是水汽以液滴形式凝结在地面物体上的现象。夏天的清晨，人们常常会在一些草叶上看到一颗颗亮晶晶的露珠，它们像晶莹剔透的珍珠一样美丽。古时候，人们以为露水是从天上降落的神水，所以许多民间医生和炼丹家喜欢收集露水用来治病。

天气图说

露的降水量

温带地区：降水量 0.1 ～ 0.3 毫米。

热带地区：降水量平均约 1 毫米，最多可达 3 毫米。

露水是怎样形成的?

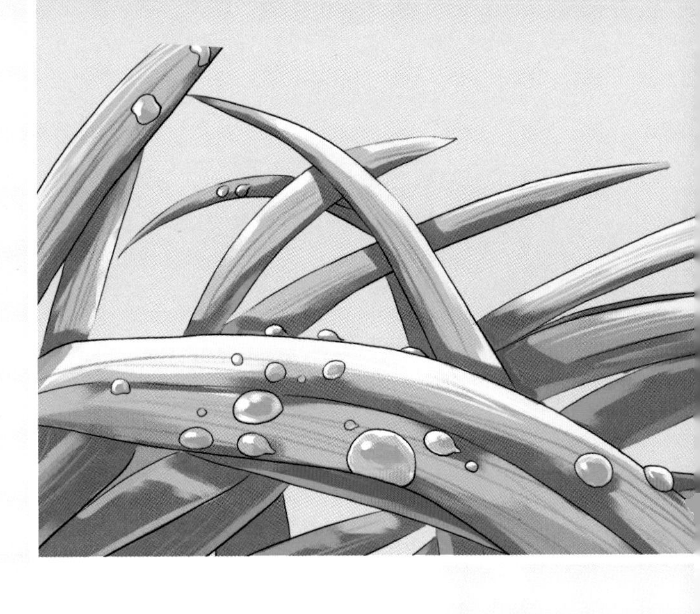

在晴朗微风的夜晚，由于地面的草木、石头等物体比空气散热快，温度会降低。当降低到一定温度时，地面物体周围空气中的水蒸气便会达到饱和，这是因为温度降低，冷空气会向下流动，这样就会使接近地面的空气中的水蒸气增加。

达到饱和的水蒸气遇到较冷的花草或树叶表面，便会凝结成小水珠，这就是露水。通常容易形成露水的物体，其表面积相对较大而且表面比较粗糙。

为什么晴朗有微风的夜晚有利于露水的形成?

夜间晴朗有利于地面或地面物体迅速散热冷却。微风可使散热冷却在较厚的气层中充分进行，而且可使贴地空气得到更换，保证有足够多的水汽供应凝结。

无风时可供凝结的水汽不多，风速过大时由于湍流太强，使贴地空气与上层较暖的空气发生强烈混合，导致贴地空气降温缓慢，均不利于露水的生成。

健康小知识!

露水能喝吗?

露水是否能喝要视情况而定。在环境污染相对较少的地方，对露水进行加工去除杂质后，是可以喝的，而且露水中含有很多微量元素，对身体有益。但是在环境污染严重的城市，露水中可能含有灰尘等有害物质，饮用可能会生病，所以最好不要喝。

霜

霜是一种白色冰晶，它不像雪一样从天而降，而是接近地层的水蒸气在地面或贴近地面的物体上凝华而成。霜通常出现在秋季至春季。气象学上一般把秋季第一次出现的霜称作“早霜”或“初霜”，而把春季最后一次出现的霜称作“晚霜”或“终霜”；从终霜到初霜的间隔时期，叫作“无霜期”。

天气图说

霜冻

性质：气象灾害。

类型：白霜，在霜冻时有霜出现；黑霜，在霜冻时没有霜出现。

发生季节：春、秋、冬。

微风对霜的形成有利，但是风速超过3级就不利于霜的形成了。这和露水的形成原因是一样的。

霜是怎样形成的?

霜的形成和露形成的气象条件相同。在晴朗有微风的夜晚，若温度低于 0℃，水蒸气就会在地面或地面物体上直接凝华形成冰粒，这就是霜。

另外，霜的形成还与所附着的物体的属性有关。当物体表面温度很低，而物体表面周围的空气温度却比较高时，那么在周围空气和物体表面之间就会产生一个温度差。如果这种温度差主要是由物体表面散热冷却造成的，那么当较暖的空气与较冷的物体表面接触时，空气就会冷却。当水蒸气达到饱和后，多余的水蒸气就会被析出。如果温度在 0℃以下，则多余的水汽就在物体表面凝华为霜。

什么是霜冻?

霜冻是指农作物在生长季节里，地面和植物表面的温度短时间内下降到 0℃以下，导致农作物遭受伤害或死亡，这是一种气象灾害。下霜的时候农作物不一定遭受危害。出现霜冻的时候可以有霜出现，也可以没有霜出现。

因此，人们需要预防的是霜冻而不是霜。霜冻，尤其是早霜冻（初霜冻）和晚霜冻（终霜冻）对农作物的威胁较大，应引起重视，可以采取熏烟、浇水、覆盖等预防措施。

天气冷知识!

雾凇

雾凇也叫树挂，是霜的一种。如果冰冷的空气中出现雾，那么雾气中的微小水滴在接触物体表面后，就会迅速结冰。冰越结越多，逐渐结成厚厚一层，这就是雾凇。雾凇经常被寒风吹成各种奇怪的形状，看起来非常美丽。

彩虹

在炎热的夏季，雨过天晴后，天空经常会出现一道美丽的彩虹，它绚丽多彩，像一座七彩的云桥横跨天空。彩虹通常有七种颜色，从外圈到内圈依次是红、橙、黄、绿、蓝、靛、紫，是由太阳光照射在空气中的水滴上折射、反射形成的。

天气图说

彩虹分类

双彩虹：常说的霓虹，霓在外侧，虹在内侧，两道彩虹的颜色顺序相反。

双子虹：又称并蒂虹，本是同根生，后分出两叉的特殊彩虹。

雾虹：阳光通过浓雾产生的白色的虹。

红虹：日出日落时产生的红色的单色虹。

月虹：由月光产生的白色的虹，非常罕见，被称为“光线在大气层的散射”。

彩虹是怎样形成的?

太阳光的七种颜色折射率各不相同，其中紫光频率最高，折射率最大，红光频率最低，折射率最小，其余各色光则介于其间。

当阳光照射在空气中的小水滴上时，会先发生第一次折射，这时，光线在小水滴内会产生分光现象，各色光同时在小水滴中继续传播，遇到水滴的另一界面时被反射回来，重新经过小水滴内部，出来时再一次发生折射后，光回到空气中。

这样，阳光在小水滴中进行了两次折射和一次全反射，被分解成红、橙、黄、绿、蓝、靛、紫七种单色光。当空气中的小水滴数量很多时，阳光通过这些小水滴，经过折射和反射作用，射出来的光集中在一起，天空中美丽的彩虹就形成了。

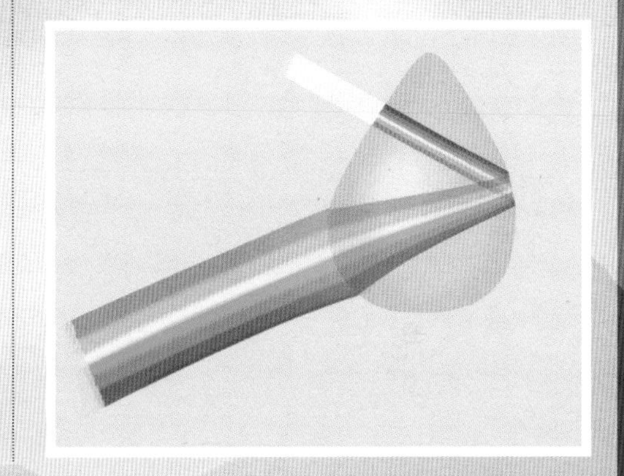

霓也是彩虹吗?

霓是出现在主虹外侧相对昏暗的第二道彩虹。它是阳光经由雨滴内两次折射和两次反射产生的，出线的角度在 50° ~ 53° 。两次反射的结果，使得霓的色彩排列和虹相反，紫色在外红色在内。霓比虹暗弱，因为两次反射不仅使更多光线逃逸掉，散布的区域也更宽广。

天气冷知识!

并不是只有雨后才能出现彩虹。在阳光下，喷泉或瀑布周围也会出现彩虹；在夏天，街上奔跑的洒水车的后面，有时也会出现一段彩虹；用喷雾器在空中喷雾也会形成彩虹。

霞光

早晨或傍晚，人们总会看到天边出现美丽的霞光，它像红色的海洋一样流淌在天空。霞光是太阳照射在缤纷云霞上所反射的光彩，是大气中的悬浮颗粒物（尘埃、冰晶、水滴等杂质）对阳光的折射、散射和选择性吸收形成的。霞光满天，一般意味着大气中含有丰富的水汽。

天气图说

霞光与物理学上的“瑞利散射”有关。100 多年前，英国物理学家瑞利发现，大气层中存在的微小粒子，会使光线穿过大气层时偏离原来的传播方向，改向四周传播，这种现象被称为“光线在大气层的散射”。

为什么霞光是红色的?

太阳光是由红、橙、黄、绿、蓝、靛、紫七种颜色光线组成的光带，每种光线的波长各不相同，其中红色的波长最长，频率最低，折射率最小。

日出日落时，太阳光是斜射的，它穿过空气圈的距离最长，而其他波长较短的光线都被散射干净了，能够进入我们视线的就只有波长最长、不容易散射的红色光波，所以我们看到的霞光通常是红色的。

天气谚语中的“早看东南，晚看西北”对于我们出行还是有帮助的。

为什么“朝霞不出门，晚霞行千里”？

日出前后出现朝霞，说明大气中的水汽已经很多，而且云层已经开始侵入本地区，预示着天气将要转雨。日落前后出现晚霞，表示在本地区的西部天气已经转晴或云层已经裂开，阳光才能透过来形成晚霞，预示着本地区天气会转晴。

天气小知识!

根据太阳的位置和霞光出现的方位可分为反射霞和透射霞。反射霞一般处于与太阳相反的位置上。透射霞处于与太阳相同的位置上。

飞花令

晚霞

［宋］朱熹

日落西南第几峰，
断霞千里抹残红。
上方杰阁凭栏处，
欲尽余晖怯晚风。

雷电

雷电是一种令人望而生畏的大气放电现象。夏天，由于空气潮湿闷热，烈日当头，促使潮热空气迅速上升，潮热空气上升到一定高度，水蒸气达到饱和，就会逐渐形成雷雨云，这是雷电产生的基本条件。随着雷雨云聚集得越来越厚，厚到一定程度时就会释放出闪电，并伴随着雷鸣。由于闪电的速度比雷鸣快，所以人们先看到闪电，后听到雷声。

天气图说

雷电一般产生于多雨的季节，伴有狂风和暴雨，有时还伴有冰雹和龙卷风。雷电灾害是一种气象灾害，不但会导致人员或动物伤亡，还会导致电力系统、通信系统和其他的电子信息系统出现故障或失效。

雷电是怎样产生的?

雷电的产生基本上都离不开雷雨云。当天空出现浓厚的雷雨云时，其内部强大的空气流使冰晶和水分子碰撞在一起，产生许多带正电荷和负电荷的小冰屑，带正电荷的小冰屑较轻，在上升气流的推动下，会飞到云层上部，而带负电荷的小冰屑较重，会降落到云层的下部。

这样云的上下部之间就形成了电位差，当电位差达到一定程度后就会放电，这就是闪电。在放电过程中，由于闪电通道中温度骤增，空气的体积会急剧膨胀，从而产生冲击波，导致强烈的雷鸣。

闪电有很多形状，最常见的是线状，偶尔出现的有片状、叉状、链状、球状。

雷电的威力有多大?

据科学家试验测算，闪电的平均电流高达 3 万安培，最大电流可达 30 万安培。闪电的电压非常高，超过 1 亿伏特。一个中等强度雷暴的功率可达 1000 万瓦，相当于一座小型核电站的输出功率。闪电的温度超过 2 万摄氏度，比太阳表面的温度还要高 3 ~ 5 倍。

一次雷电大约为千分之一秒，平均一次雷电发出的功率高达 200 亿千瓦。全世界每秒就有 100 次以上的雷电现象，雷电一年释放的总电能高达 1.7 万亿度。

灾害安全知识!

雷电预防

打雷下雨的时候，我们要关闭家用电器，拔掉电源插头，防止雷电从电源线入侵。如果在室外，要及时躲避，不要在空旷的野外停留，也不要靠近孤立的大树、高塔、电线杆、广告牌等。如果正在游泳、划船、钓鱼等，必须马上停止。

海市蜃楼

天气图说

现象解释

古人认为蜃（海蛤蜊）吐气能形成城市楼阁。实际上是海边或沙漠地区的大气由于光线折射作用，把远处的景物反射在天空的自然现象，多发生在夏季的海边或沙漠地区。

你见过海市蜃楼吗？在天气晴朗、平静无风的海面上，有时会浮现出一座城市，亭台楼阁完整地显现在空中，来往的行人、车马清晰可见，城市景色变化多端，可是不一会儿就变得模糊并消失了。这种神秘的现象就是海市蜃楼。

海市蜃楼总是在同一地点、同一时间重复出现。比如，我国蓬莱的海市蜃楼大多出现在每年的5—6月份。

海市蜃楼是怎样产生的?

海市蜃楼是一种光学幻景，是地球上物体反射的光经大气折射而形成的虚像。由于不同的空气层有不同的密度，而光在不同密度的空气中又有着不同的折射率。

在海上，由于空气湿度较大，厚度也较大，这样大面积的水蒸气在流动中会阴差阳错地形成一个巨大的透镜系统。当近地面的气温剧烈变化时，则会引起大气密度的巨大差异，远方的景物被光线传播时，会发生异常折射和全反射，从而产生海市蜃楼。

另外，海市蜃楼的发生还与不同高度空气层的折射率有关，水汽含量是直接影响折射率的重要气象要素。同时，海市蜃楼也与气温、相对湿度突变存在一定的关系。

天气小知识!

海市蜃楼不仅能在海上产生，柏油路上偶尔也能看到。根据海市蜃楼出现的位置相对于原物的方位，可分为上蜃、下蜃和侧蜃；根据颜色，可以分为彩色蜃景和非彩色蜃景等。

洪水

洪水是非常可怕且发生频繁的自然灾害。当河流、湖泊、海洋中的水流上涨超过警戒水位时，就会给有关地区带来威胁，甚至造成灾害。洪水虽然是天灾，有不可抗拒的因素，但是人为因素也不可忽视。根据相关历史资料，洪水的频率和严重程度与人口增长趋势一致。人口增长，扩大耕地，围湖造田，乱砍滥伐等人为破坏不断地改变着地表状态，改变了汇流条件，加剧了洪灾程度。

天文潮（引力潮），台风（飓风），海底地震、火山等也会引发洪水。

天气图说

洪水非常可怕，可以把树连根拔起，推动巨石前行。当它流入河漫滩的时候，甚至会冲毁桥梁，毁坏房屋，给当地居民带来巨大灾难。但是另一方面，洪水也会使土地变得肥沃，如尼罗河洪水带来了来自河流上游有机质丰富的泥沙沉积物，为当地人民带来了肥沃的土地。

洪水有哪些类型?

洪水按地区可分为河流洪水、海岸洪水和湖泊洪水等；按成因可分为雨洪水、山洪、泥石流、融雪洪水、冰川洪水、冰凌洪水雨、雪混合洪水、溃坝洪水等。

雨洪水可分为两大类，一种是暴洪，它是突如其来的湍流，它沿着河流奔流，摧毁所有事物，暴洪具有致命的破坏力；另一种是缓慢上涨的大洪水。

山洪：山区由于地面和河床坡降较陡，降雨后容易形成急剧涨落的洪峰。融雪洪水：在严寒地区，冬季积雪较厚，春季气温大幅升高时，积雪大量融化，形成洪水。冰凌洪水：在冬春季节，由于江河大量冰凌壅积形成冰塞或冰坝，致使水位大幅升高，从而形成洪水。

森林有哪些防洪作用?

森林是陆地生态系统的主体，有涵养水源、保持水土、调节气候等多种功能，对洪水有不可替代的削减作用。

首先，森林的林冠可以通过它巨大的叶面截滞很大一部分暴雨。其次，森林的枯枝落叶层有储存雨水的功能，而且由于森林的存在，地表的伏渗能力也大大增强。另外，森林还可以改变土壤的地表结构，增强储存降水的能力。最后，森林根系庞大，有固土作用，调节洪水注入江河的泥沙。所以，我们要爱护森林，不能乱垦滥伐。

灾害安全知识!

洪水来了怎么办?

洪水到来时，如果来不及转移，要迅速向山坡、高地、屋顶、楼房高层、大树、高墙等高的地方暂避。如果洪水继续上涨，暂避的地方也有危险，要充分利用准备好的救生器材逃生。比如，找一些门板、桌椅、木床、大块的泡沫塑料等能漂浮的材料扎成筏逃生。另外，要设法尽快与当地政府防汛部门取得联系，报告自己的方位和险情，积极寻求救援。

雪崩

雪崩是大量的雪、冰、岩石因重力作用从山腰迅速坠落的自然现象。又叫“雪塌方”“雪流沙”“推山雪”，具有突发性、运动速度快、破坏力大等特点，是积雪山区一种非常严重的自然灾害。雪崩可以分为湿雪崩和干雪崩两种。

天气图说

在雪堆下面通常会缓慢地形成一种六角形杯状的冰晶——白霜，这是由雪粒的蒸发造成的。白霜比上部的积雪更加松散，从而在下部积雪与上层积雪之间形成一条软弱带。当上部积雪顺着山坡向下滑动时，这条软弱带会产生润滑作用，不仅加速雪下滑的速度，而且会带动周围没有滑动的积雪。这是雪崩的一个重要原因。

雪崩是怎样发生的?

雪崩的发生主要是因为山坡积雪太厚。当阳光照射在积雪上，表层雪会融化，雪水渗入积雪深处，从而使积雪与山坡的摩擦力减小。这样，积雪在重力作用下，就会向下滑动，于是雪崩就发生了。另外，地震、气温变化、降水、风力等也会导致积雪下滑造成雪崩。

除了自然因素，人为因素也会导致雪崩，如滑雪、徒步旅行或其他冬季运动，这些活动经常会在不经意间成为雪崩的导火索。而人被雪堆掩埋后，半小时内如果不能获救，生还的概率将会非常小。

雪崩的速度非常快，最高可达每秒90多米，远远超过12级大风！

雪崩有规律吗?

雪崩的发生是有规律的。大多数雪崩发生在冬天或春天降雪非常大的时期，尤其是暴风雪爆发前后。

这时的雪非常松软，黏合力比较小，一旦一小块被破坏，剩下的部分就会像一盘散沙或多米诺骨牌一样，产生连锁反应而飞速下滑。春季，由于解冻期长，气温升高，积雪表面融化，雪水会一滴滴地渗透到雪层深处，让原本结实的雪变得松散，大大降低了积雪之间的内聚力和抗断强度，使雪层之间很容易滑动。

和洪水一样，雪崩也会重复发生。如果某地刚发生了雪崩，很可能不久它还会卷土重来。

雪崩冷知识!

白色恶魔

雪崩非常恐怖，被称为“白色恶魔”。它的冲击力非常强大，一次高速运动的雪崩，会给每平方米被冲击物体带来40～50吨的冲击力，世界上很少有物体能经得住这样的冲击。但是更恐怖的是雪崩前面的气浪，这是雪崩高速运动产生的冲击波，可以摧毁一切。

泥石流

泥石流是一股混杂着泥土、砂石的洪流，经常发生在峡谷地区和地震、火山多发区，具有爆发突然、历时短暂、冲击力大等特点，是山区最严重的地质灾害，常给山区人民的生命、财产和经济建设造成重大损失。

天气图说

泥石流类型划分

按成因类型，可分为冰川型泥石流和降雨型泥石流。

按水源类型，可分为降雨型、冰川型、溃坝型泥石流。

按地形形态，可分为沟谷型、坡面型泥石流。

按发育阶段，可分为发展期、旺盛期、停歇期泥石流。

泥石流是怎样发生的?

泥石流的发生，除了自然风化岩石分解这一因素，还有暴雨、地震冰雪融水等因素，暴雨是诱发泥石流的主要因素，其次是地震和冰雪融水。

另外，人类对环境的破坏也加剧了泥石流的发生。例如，毁林开荒、陡坡垦殖、矿山开采中的乱挖乱采和不合理弃渣，以及山区修建公路、铁路时非科学地就地取料。

泥石流爆发有什么规律?

泥石流的爆发主要与地震、暴雨的活动规律有关，有以下三个特点：

1. 泥石流的爆发时间受暴雨和地震活动规律的影响，其活动周期与暴雨基本一致。

2. 泥石流灾害多发季与季风气候区降水相一致。我国东部和中部属季风气候区，降水一般集中在5—10月，其间降水量占全年降水量的80%～95%。而我国95%以上的泥石流灾害也发生在这一时间段，尤其集中在6—9月。

3. 夏秋季节泥石流多发生在夜间。南方地区凌晨1点到8点这一时段内泥石流爆发的次数最多。而这一时段居民往往在熟睡，泥石流的突然爆发常造成大量人员伤亡。

我们一定要爱护环境，千万不能乱垦滥伐，否则会遭到大自然的报复。

灾害安全知识！

泥石流来了怎么办?

1. 发现泥石流后，要马上向泥石流沟两侧的山坡上面爬，爬得越高越快越好，切忌顺着泥石流前进的方向奔跑。2. 不要停留在坡度大、土层厚的凹处，也不要上树躲避，因为泥石流会扫除沿途一切障碍。3. 避开河（沟）道弯曲的凹岸或地方狭小高度又低的凸岸。

厄尔尼诺

厄尔尼诺通常指厄尔尼诺暖流，是发生在太平洋上的一种反常的自然现象，其显著特征是赤道太平洋东部和中部海域海水出现显著增温。该词来源于西班牙语，意为“圣婴”或“小男孩”。早在19世纪初，秘鲁、厄瓜多尔一带的渔民就发现某些年份太平洋海温会异常升高，由于这种现象通常发生在圣诞节前后，渔民们就以幼年耶稣，即“圣婴”来称呼它。

天气图说

沃克环流

沃克环流是由英国气象学家吉尔伯特·沃克在20世纪20年代发现的。它是赤道海洋表面因水温的东西面差异而产生的一种纬圈热力环流。沃克环流是热带太平洋上空大气循环的主要动力之一，对太平洋东西两岸的气候调节有重要作用。如果东太平洋的洋面温度升高，就会产生较暖且湿润的上升气流，削弱“沃克环流”，同时美洲中部一带会气温上升、暴雨成灾，形成厄尔尼诺。

为什么会出现厄尔尼诺现象?

厄尔尼诺现象的出现与热带大气环流有关。太平洋赤道上的大气环流有两个气流系统，一个是自西向东的高空气流，一个是自东向西的洋面气流。

在正常时期，高空气流将太平洋西侧的水流带向东侧，而洋面气流将东侧表面的温暖水流带向西侧，海底的冷水为了补充这部分损失而上浮，从而稳定东热西冷的格局。

当大气环流变弱甚至反向时，洋面气流减弱，海水自东向西的迁移就会减弱，东岸的洋面高温水未被移走，因而海底的冷水也更难上翻，引起太平洋东部和中部海域温度整体偏高，即厄尔尼诺现象。

厄尔尼诺现象有哪些危害?

厄尔尼诺对气候的影响主要是环赤道太平洋地区。在厄尔尼诺年，印度尼西亚、澳大利亚、南亚次大陆和巴西东北部通常会出现干旱，而从赤道中太平洋到南美西岸则会出现多雨。

厄尔尼诺现象会导致巨大的自然灾害，在拉丁美洲会引发洪水，导致澳大利亚出现干旱和印度的农作物歉收，也会影响日本和中国，使日本和中国东北地区夏季持续低温，有的年份会使中国大部分地区降水偏少，出现干旱。

用一句话总结厄尔尼诺对气候的影响，就是“该热的冷，该冷的热，该干的涝，该雨的旱”。

厄尔尼诺冷知识!

厄尔尼诺是一种周期性的自然现象，大约每隔七年出现一次。一般认为海水表层温度连续三个月比常年同期高0.5℃以上，即表明进入厄尔尼诺状态。如持续六个月以上，则确认为是一次厄尔尼诺现象。

拉尼娜

拉尼娜现象与厄尔尼诺现象刚好相反，是指赤道太平洋东部和中部附近水温反常下降的一种现象，表现为赤道太平洋东部和中部附近海域明显变冷。拉尼娜这个名字也来自西班牙语，意为“圣女”“小女孩”，其名字由来跟厄尔尼诺一样。

天气图说

沃克环流与拉尼娜

当沃克环流异常强劲时，导致东太平洋下层冷海水上翻增强，洋面异常低温，就会出现拉尼娜。当拉尼娜发生时，东太平洋会变得更冷，赤道西太平洋海温可能会进一步升高，东西太平洋气压差会进一步扩大；沃克环流会比正常情况下更强，西太平洋也会更多雨，而东太平洋则更加少雨。

为什么会出现拉尼娜现象？

拉尼娜现象出现的原因跟厄尔尼诺现象刚好相反。

当太平洋热带大气环流增强时，洋面气流也随之增强，海水自东向西的迁移变多，东岸的洋面水被大量移走，因而海底冷水强烈上翻，使得太平洋东岸温度更低，而太平洋西岸温度更高；同时引起整个太平洋赤道海域温度整体偏低，这就是拉尼娜现象。

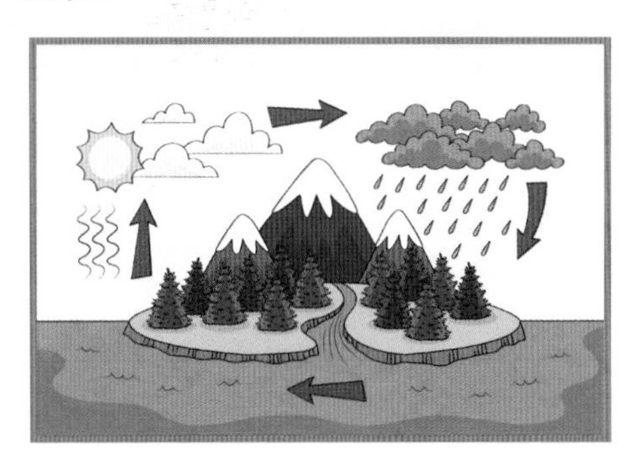

拉尼娜现象有哪些危害？

拉尼娜现象的出现会使温和湿润的太平洋西岸气候更加温热潮湿，本该干燥凉爽的太平洋东岸则迎来严寒干旱。比如，美国西南部和南美洲西岸变得异常干燥，澳大利亚、印度尼西亚、马来西亚和菲律宾等东南亚地区则会有异常大的降雨量，非洲西岸及东南岸、日本和朝鲜半岛将会异常寒冷，中国也更容易出现严寒天气。

用一句话总结拉尼娜对气候的影响，就是“该热的更热，该冷的更冷，该干的旱，该雨的涝”。

拉尼娜现象对中国的影响有三个方面：①热带气旋增多，东北春夏季节更易出现干旱，气温偏高。②中国南方易发生干旱，华北洪涝。③冬季较寒冷，寒潮更为多发。

沙尘暴

沙尘暴是冬春季节经常出现的灾害性天气。来袭时，强风将地面的尘沙吹起，使空气变得非常浑浊，水平能见度低于1000米。沙尘暴具有突发性和持续时间较短两个特点。新疆南部、青海西南部、西藏西部及内蒙古中西部和甘肃中北部是中国干旱严重地区和荒漠区，容易出现沙尘暴，这些地区每年沙尘暴次数都在10次以上。

天气图说

沙尘暴强度

弱沙尘暴：4级≤风速≤6级，500米≤能见度≤1000米。

中等强度沙尘暴：6级≤风速＜8级，200米≤能见度＜500米。

强沙尘暴：风速＞8级，50米≤能见度＜200米。

沙尘暴并不是现在才有的，早在白垩纪末（距今7000万年前）地球上就出现沙尘暴了。

沙尘暴是怎样形成的?

沙尘暴的形成有三个条件：沙尘源、强劲风力和近地层不稳定的大气。

沙尘源是沙尘暴的物质基础，强风是沙尘暴的动力，近地层不稳定的大气有利于风力加大、强对流发展，从而夹带更多的沙尘，并卷扬得更高。除此之外，前期干旱少雨，天气变暖，气温回升，是沙尘暴形成的特殊天气背景。

除了自然因素，人为因素也不可忽视。人类过度放牧、滥伐森林、过度垦荒等破坏地表植被，导致土地大面积沙漠化，直接加速了沙尘暴的形成和发育。

沙尘暴有哪些危害?

沙尘暴有很多危害：首先，会污染环境，对人体健康不利，导致呼吸系统出现疾病。

其次，会导致土壤风蚀、沙漠化加剧，覆盖在植物叶面上厚厚的沙尘会影响正常的光合作用，造成作物减产。

再次，还会影响交通安全，造成高速路封闭，飞机不能正常起飞或降落，使火车停运、脱轨或车厢玻璃破损。

最后，还会影响人们日常的生产和生活。沙尘暴天气沙尘遮天蔽日，天空阴沉昏黑，空气刺鼻，容易使人心情沉闷，导致工作学习效率降低。

灾害防治知识!

沙尘暴防治措施

首先，应该加强环境保护，减少过度放牧、乱垦滥伐和不合理的矿山开采。其次，大力植树造林，恢复植被。根据各地不同的地质条件，种植适宜生长的植物。最后，要加强立法保护，提高人类的环保意识。

酸雨

酸雨即酸性雨，通常指含有大量二氧化硫的烟气在大气中逐渐氧化成酸性氧化物后，再与大气中的水汽结合成雾状的硫酸，并随雨水一起降落，它是大气遭到严重污染的一种表现。酸雨中有时也会含有硝酸、盐酸等酸性物质，成分比较复杂。

天气图说

酸雨中的酸类型

硫酸型或燃煤型：硫酸根 / 硝酸根 >3。

混合型：0.5< 硫酸根 / 硝酸根 <3。

硝酸型或燃油型：硫酸根 / 硝酸根 ≤ 0.5。

酸雨是怎样形成的?

酸雨形成的主要原因是人类不断向大气排放硫和氮的氧化物，酸雨中70%的酸度是由二氧化硫引起的，另外30%是由氧化氮造成的。

煤炭和石油燃料是二氧化硫的主要来源，天然气次之，这三种化石燃料还会产生大量氧化氮。所以，火电厂和熔炼厂是二氧化硫和氧化氮的主要排放源。各种交通运输工具，如汽车、飞机等也是氧化氮的主要排放源。

从广义上来说，酸雨还包括酸雾、酸雹、酸雪、酸露等。在阳光和其他物质的影响下，进入大气的二氧化硫和氧化氮逐渐氧化生成硫酸和硝酸，这两类强酸随雨、雪、雹、雾、露降落在地面变成酸雨。

衡量酸雨的标准是pH值＜5.6，因为正常雨水的pH值5.6。

酸雨有哪些危害?

酸雨被称为“空中死神”，具有极大的危害性。酸雨破坏森林、酸化土壤，后患无穷。

近年来，有些地区出现山无树、水无鱼的酸雨症。由于酸雨冲刷土壤，会把有机铝转化为无机铝，然后随着雨水进入河流湖泊。如果人类长期饮用含有无机铝的水，会引起老年性痴呆。河流湖泊酸化还会引起鱼类的大量死亡。

另外，酸雨还对水源的输水管道产生污染和腐蚀，导致包括铅在内的许多有害金属元素进入人体，威胁人类健康。

灾害防治知识!

酸雨防治措施：①开发新能源，如氢能、太阳能、水能、潮汐能、地热能等。②使用燃煤脱硫技术，减少二氧化硫的排放。③工业生产排放气体处理后再排放。④少开车，多乘坐公共交通工具出行。⑤尽量使用清洁的能源，少用化石燃料。

图书在版编目（CIP）数据

揭秘天气 / 梦学堂编 . -- 北京 : 北京日报出版社，
2024.6
（带着科学去旅行 : 中国少年儿童百科全书）
ISBN 978-7-5477-4763-6

Ⅰ . ①揭… Ⅱ . ①梦… Ⅲ . ①天气－少儿读物 Ⅳ .
① P44-49

中国国家版本馆 CIP 数据核字（2023）第 254821 号

带着科学去旅行：中国少年儿童百科全书

揭秘天气

责任编辑： 辛岐波
出版发行： 北京日报出版社
地　　址： 北京市东城区东单三条 8-16 号东方广场东配楼四层
邮　　编： 100005
电　　话： 发行部：（010）65255876
　　　　　总编室：（010）65252135
印　　刷： 新生时代（天津）印务有限公司
经　　销： 各地新华书店
版　　次： 2024 年 6 月第 1 版
　　　　　2024 年 6 月第 1 次印刷
开　　本： 710 毫米 ×1000 毫米　1/16
总 印 张： 40
总 字 数： 588 千字
定　　价： 248.00 元（全 10 册）

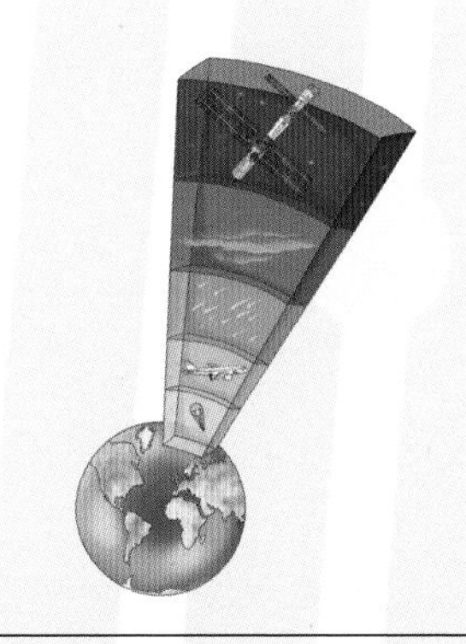